BEI GRIN MACHT SICH IHR WISSEN BEZAHLT

- Wir veröffentlichen Ihre Hausarbeit, Bachelor- und Masterarbeit

- Ihr eigenes eBook und Buch - weltweit in allen wichtigen Shops

- Verdienen Sie an jedem Verkauf

Jetzt bei www.GRIN.com hochladen und kostenlos publizieren

Bibliografische Information der Deutschen Nationalbibliothek:

Die Deutsche Bibliothek verzeichnet diese Publikation in der Deutschen Nationalbibliografie; detaillierte bibliografische Daten sind im Internet über http://dnb.d-nb.de/ abrufbar.

Dieses Werk sowie alle darin enthaltenen einzelnen Beiträge und Abbildungen sind urheberrechtlich geschützt. Jede Verwertung, die nicht ausdrücklich vom Urheberrechtsschutz zugelassen ist, bedarf der vorherigen Zustimmung des Verlages. Das gilt insbesondere für Vervielfältigungen, Bearbeitungen, Übersetzungen, Mikroverfilmungen, Auswertungen durch Datenbanken und für die Einspeicherung und Verarbeitung in elektronische Systeme. Alle Rechte, auch die des auszugsweisen Nachdrucks, der fotomechanischen Wiedergabe (einschließlich Mikrokopie) sowie der Auswertung durch Datenbanken oder ähnliche Einrichtungen, vorbehalten.

Impressum:

Copyright © 2016 GRIN Verlag
Druck und Bindung: Books on Demand GmbH, Norderstedt Germany
ISBN: 9783668772229

Dieses Buch bei GRIN:

https://www.grin.com/document/436037

Thomas Seruga

Teilchenbeschleunigung. Grundlagen und Hintergründe

GRIN Verlag

GRIN - Your knowledge has value

Der GRIN Verlag publiziert seit 1998 wissenschaftliche Arbeiten von Studenten, Hochschullehrern und anderen Akademikern als eBook und gedrucktes Buch. Die Verlagswebsite www.grin.com ist die ideale Plattform zur Veröffentlichung von Hausarbeiten, Abschlussarbeiten, wissenschaftlichen Aufsätzen, Dissertationen und Fachbüchern.

Besuchen Sie uns im Internet:

http://www.grin.com/

http://www.facebook.com/grincom

http://www.twitter.com/grin_com

Inhaltsverzeichnis

1 **Allgemeines**   3

2 **Der Zusammenstoß**   3

3 **Wirkende Kräft bei nahezu Lichtgeschwindigkeit**   4
    3.1 Zeitdilatation (Zeitdehnung) 4
    3.2 Lorentz-Kontraktion (Längenkontraktion) 5

4 **Das Higgs-Boson**   5

5 **Datenmengen**   6

6 **Energieniveau**   6

7 **Anmerkungen**   7

1 Allgemeines

In Teilchenbeschleunigern können unterschiedliche Teilchen (Elementarteilchen, Atomkerne oder ionisierte Atome, Moleküle) auf nahezu Lichtgeschwindigkeit beschleunigt werden. Dabei muss absolutes Vakuum herrschen, da andere Teilchen die Flugbahn beeinflussen können. Bei einem Zusammenstoß können dann durch Sensoren die Wechselwirkungen der Teilchen untersucht werden. Durch die Streuung bei der Kollision können nun Rückschlüsse über den Aufbau der Materie gezogen werden. [1]
Weltweit existieren über 17.000 Teilchenbeschleuniger, die nicht nur zur Untersuchung der Materie dienen, sondern auch in den Bereichen der Medizin, der Umwelt- und Materialforschung und der Industrie zum Einsatz kommen. [2][3]

2 Der Zusammenstoß

Es gibt zwei Möglichkeiten für Zusammenstöße von Teilchen in einem Teilchenbeschleuniger:

- Ein Teilchenpaket wird auf ein festes Ziel (Target) geschossen.
- Zwei Teilchenpakete treffen aufeinander (Collider-Anordnung). Beide Pakete werden zwar getrennt von einander beschleunigt, aber beim Erreichen der gewünschten Geschwindigkeit aufeinander geschossen. Dadurch resultiert eine höhere Bewegungsenergie, was wiederum zu einem höherer Anteil an Anregungsenergie für die Streuung bei der Kollision führt.

Damit es überhaupt zu einem Zusammenstoß kommt, müssen die Teilchen auf nahezu Lichtgeschwindigkeit (300 000 km/s) beschleunigt werden. Durch ein elektrisches Feld ist es möglich, sowohl den Betrag, als auch die Richtung der Geschwindigkeit zu verändern. Durch ein Magnetfeld kann zwar ebenfalls

---

[1] http://www.abendblatt.de/ratgeber/wissen/article107628093/Wie-funktioniert-ein-Teilchenbeschleuniger.html
[2] http://www.leifiphysik.de/elektrizitaetslehre/bewegte-ladungen-feldern/ausblick/teilchenbeschleuniger-ueberblick
[3] http://www.weltmaschine.de/technologietransfer/teilchenbeschleuniger/

die Richtung eines geladenen Teilchens verändert werden, allerdings nicht der Betrag der Geschwindigkeit. [4]

3 Wirkende Kräft bei nahezu Lichtgeschwindigkeit

Bei einer Geschwindigkeit von fast 300 000 km/s müssen die Effekte der speziellen Relativitätstheorie von Einstein berücksichtigt werden, um richtige Messdaten zu erhalten. Im folgenden werden nur ein paar Kräfte beschrieben, um einen kleinen Einblick in die komplexere Physik zu erhalten.

3.1 Zeitdilatation (Zeitdehnung)

Einfach gesagt: Umso höher die Geschwindigkeit, desto langsamer vergeht die Zeit.
Herleitung der Formel für die Zeitdehnung:

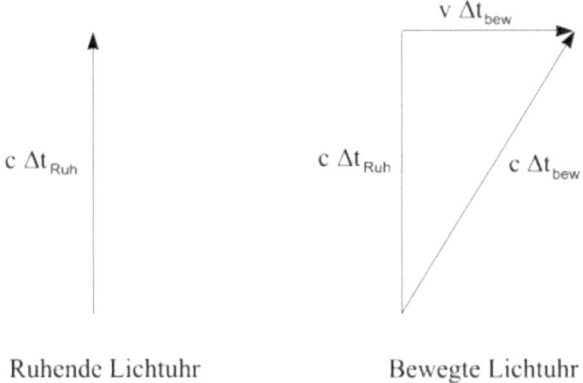

Ruhende Lichtuhr · Bewegte Lichtuhr

---

[4]http://www.leifiphysik.de/elektrizitaetslehre/bewegte-ladungen-feldern/ausblick/teilchenbeschleuniger-ueberblick

Während die Photonen bei der ruhenden Lichtuhr lediglich eine gerade Strecke zurücklegen, müssen die Photonen bei der bewegten Lichtuhr einen, um den Faktor t verschobenen Weg zurücklegen.
Aus der ursprünglichen Strecke und der vergangenen Zeit ergibt sich ein rechtwinkliges Dreieck. Diese Gleichung kann nun mit dem Satz des Pythagoras ($a^2 + b^2 = c^2$) gelöst werden. :

$$(c\Delta t_{\text{Ruh}})^2 + (v\Delta t_{\text{bew}})^2 = (c\Delta t_{\text{bew}})^2$$

Auflösen nach Δt_{bew}:
$$\Delta t_{\text{bew}} = \Delta t_{\text{Ruh}}(1 - v^2/c^2)^{-1/2}$$

Diese Formel bedeutet nun in Worten, dass die Zeit um den Faktor $(1 - v^2/c^2)^{-1/2}$ langsamer vergeht als in ihrem ursprünglichen Ruhezustand. Dies veranschaulicht, dass die Zeit keine absolute Größe ist, sondern vom Bewegungszustand des Beobachters abhängt. [5]

3.2 Lorentz-Kontraktion (Längenkontraktion)

Mithilfe dieser Kraft können die Hochenergiephysiker die Beschleunigung und die Richtungsänderung von geladenen Teilchen berechnen. Bei der Lorentz-Kontraktion geht es nun im Grunde darum, dass der Maßstab einer Strecke mit der Geschwindigkeit in Bewegungsrichtung für den sich bewegenden Körper abnimmt.
Aufbauend auf die Formel der Zeitdilatation kann nun auch die Längenkontraktion mathematisch veranschaulicht werden. [6]

4 Das Higgs-Boson

Der schwedische Physiker Peter Higgs stellte sich bereits 1964 die Frage, warum die meisten Elementarteilchen eine Masse haben, während sich andere masselos durch den Raum bewegen können. Die Lösung dieser Frage konnte am weltweit größten Teilchenbeschleuniger in Cern durch den Nachweis eines dafür verantwortlichen Teilchens gefunden werden:

---

[5] http://homepage.univie.ac.at/franz.embacher/SRT/Zeitdilatation.html
[6] http://homepage.univie.ac.at/franz.embacher/SRT/Lorentzkontraktion.html

Bosonen sind im Allgemeinen Elementarladungen, die für die Übertragung von Kräften verantwortlich sind. Das Higgs-Boson ist allerdings eine Sonderform, denn es überträgt keine Kraft, sondern sorgt dafür, dass andere Elementarteilchen über ein Feld ihre Masse erhalten. [7] [8]

5 Datenmengen

Am LHC in Cern werden aufgrund von 150 Millionen Sensoren gewaltige Mengen an Daten erfasst. Knapp 700 MB/sec ergeben ein jährliches Datenvolumen von 15 Millionen GB die bewältigt werden müssen. Da die größten Supercomputer dieser Datenmenge nicht gewachsen sind, sind die Forscher darauf angewiesen, dass die freie Prozessorleistung von tausenden Computern zur Datenbearbeitung bereitgestellt werden.
Für alle, die sich diesem Netzwerk anschließen möchten: `http://lhcathome.web.cern.ch/` [9]

6 Energieniveau

Die bisher höchste Kollisionsenergie wurde am 21.05.2015 im LHC gemessen. Bei der Kollision von Wasserstoffkernen wurden 13 Teraelektronvolt (TeV) freigesetzt. 13 TeV sind 13 Billion Elektronvolt (eV). Ein eV in Joule:
Um ein Elektron aus der Hülle eines Atoms zu lösen werden lediglich ein paar Dutzend eV benötigt. Photon der Röntgenstrahlung können bereits eine Energie bis zu einigen Dutzend Kiloelektronvolt (KeV) besitzen. [10] [11]
Umrechung von eV in Joule:

$$1eV = 1,602 * 10^{-19} J$$

---

[7] http://www.spektrum.de/news/ein-bittersuesses-ende/1200221
[8] http://www.quantenwelt.de/elementar/bosonen.html
[9] http://www.lhc-facts.ch/index.php?page=datenverarbeitung
[10] http://www.faz.net/aktuell/wissen/physik-mehr/teilchencrashs-im-lhc-urknallmaschine-mit-neuem-energierekord-13606699.html
[11] http://www.einstein-online.info/lexikon/elektronvolt

7 Anmerkungen

Auf der folgenden Seite gibt es viele spannende Fragen und Antworten zum LHC in Genf:
http://www.weltderphysik.de/gebiet/teilchen/experimente/teilchenbeschleuniger/lhc/lhc-faq/#Was_sind_wichtige_Parameter_eines_Teilchenbeschleunigers
(Stand: 29. Jänner 2017, 08:05)

BEI GRIN MACHT SICH IHR WISSEN BEZAHLT

- Wir veröffentlichen Ihre Hausarbeit, Bachelor- und Masterarbeit

- Ihr eigenes eBook und Buch - weltweit in allen wichtigen Shops

- Verdienen Sie an jedem Verkauf

Jetzt bei www.GRIN.com hochladen und kostenlos publizieren